Gilles Clément

Gärten des Widerstands.
Ein Traum in sieben Punkten
(2009)

Übersetzt und benachwortet von Tobias Roth,
illustriert von Petrus Akkordeon

SUKULTUR
2022

Die grüne Reihe wird
herausgegeben von Tobias Roth
illustriert von Petrus Akkordeon
lektoriert von Moritz Müller-Schwefe

Die grüne Reihe, Band 4
ein SUKULTUR-Produkt

1. Auflage Juli 2022

Text: Gilles Clément
Originaltitel: *Les jardins de résistance. Rêve en sept points pour une généralisation des jardins de résistance*
Übersetzung mit freundlicher Genehmigung des Autors
Übersetzung & Nachwort: Tobias Roth
Illustrationen & Cover: Petrus Akkordeon
Druck: DDZ-Berlin

SUKULTUR, Wachsmuthstr. 9, 13467 Berlin
post@sukultur.de · www.sukultur.de

ISBN 978-3-95566-149-6

Klimaneutral
Druckprodukt
ClimatePartner.com/53176-2112-1001

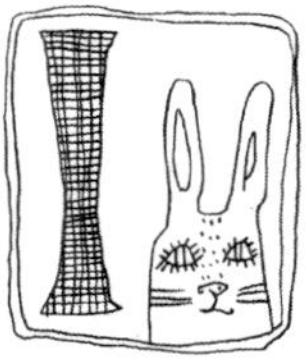

Unter *Garten des Widerstands* ist die Gesamtheit der öffentlichen und privaten Räume zu verstehen, in der sich die Kunst des Gärtnerns – ob es sich um Selbstversorger- oder Ziergärten handelt, ob um Stadtparks oder Straßenbegleitgrün, ob um Räume, die zum Gewebe der Stadt, oder solche, die zum Gewebe des Landes gehören – unter der Bedingung des Gleichgewichts zwischen Natur und Mensch entwickelt, ohne sich dabei der Tyrannei des Marktes zu unterwerfen, sondern mit dem Ziel, alle Mechanismen des Lebens und alle – biologischen wie kulturellen – Diversitäten zu erhalten, und das mit dem größten Respekt vor den Grundlagen des Lebens (Wasser, Boden, Luft) und mit der größten Sorge um die Erhaltung *des Gemeingutes und der Menschheit, die von diesem Gemeingut abhängt.*

Quer durch die Gärten des Widerstands gewinnt eine Lebenskunst Gestalt, die sich nicht nur mit Fragen des Gartens, sondern auch ganz global mit der Beziehung des Menschen zu seiner sozialen und biologischen Umwelt beschäftigt. Die *Ökonomie des Lebens* besteht darin, entlang der Kriterien des *Gartens in Bewegung*, »so viel wie möglich mit und so wenig wie möglich gegen die bestehenden Energien« zu unternehmen. Das lässt sich auf alltägliche Tätigkeiten in allen Bereichen des Lebens anwenden. Der Begriff des Widerstands kann sich auf alle möglichen Ebenen erstrecken. Dabei gilt es in ständiger Alarmbereitschaft zu bleiben, um nicht fortgerissen zu werden vom Strom der Konsumgesellschaft, von den Idealen der Entwicklung und von den Betrügereien, die sich der Sprache der Ökologie bedienen, um eine Ware aus ihr zu machen.

Die Gärten des Widerstands entwickeln Techniken, die sehr vorsichtig mit der Umwelt umgehen. Ihr Vorschlag besteht in einer Lebensführung, die wenige Gemeingüter konsumiert; auf dieser Grundlage erarbeiten sie die Regeln einer neuen Ökonomie.

Diese neue Ökonomie resultiert aus zwei gegenläufigen Mechanismen:

- Einerseits die *planetare Durchmischung* von Wesen und Systemen als Folge des Austausches über weite Distanzen. Sie führt zu einer Reihe von biologischen und sozialen Anpassungen: *die entstehenden Ökosysteme.*

- Andererseits die *Rückverlagerung* des Austausches und der Verteilungssysteme. Sie senkt die globalen Kosten der Produktion (oder der Verwaltung) auf ein Minimalniveau, und hält folglich die verschiedenen Umweltbelastungen und die Emissions-Bilanz möglichst niedrig.

Die planetare Durchmischung vervielfacht die Begegnungen und den Austausch zwischen den Wesen und zwischen den kulturellen Systemen, die in ihrer Geschichte voneinander isoliert waren. Aus Begegnung und Austausch resultiert eine *natürliche und kulturelle Hybridisierung*, die Teil des globalen Mechanismus der *Evolution* ist.

Die auf die planetare Durchmischung folgende Rückverlagerung des Austausches und der Verteilungssysteme muss als der bedeutendste Aspekt der *entstehenden Ökonomie* aufgefasst werden, die notwendigerweise von neuen Formen des Austausches (den entstehenden Ökosystemen), aber auch von neuen Dringlichkeiten hervorgerufen wird: sparsamer und gerechter Verbrauch, sparsamer und gerechter Konsum, Entwicklung einer Dynamik des Teilhabe.

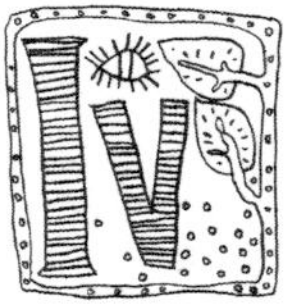

Die entstehende Ökonomie der Gärten des Widerstands verbindet entsprechend zwei entgegengesetzte Dynamiken:

- Die eine bezieht sich auf Austausch über große Distanz und erzeugt *Abhängigkeit.*

- Die andere bezieht sich auf lokalen Austausch und erlaubt *Selbstversorgung.*

Die entstehende Ökonomie der Gärten des Widerstands räumt keiner dieser beiden Dynamiken ein Privileg ein, was den Umfang des Austausches betrifft, aber sie bezieht Position in ihrem Verhältnis zu Abhängigkeit und Selbstversorgung, und fordert,

- dass der *nicht lebenswichtige* Austausch mit großer Distanz und also Abhängigkeit verbunden ist. Ein Unfall in der Ferne hätte auf die entstehende Ökonomie so nur eine indirekte, unbedeutende Auswirkung und brächte sie nicht in Gefahr.

- dass der *lebenswichtige* Austausch mit dem Lokalen und also der Selbstversorgung verbunden ist. Ein Unfall in der Ferne würde ihre Funktionsweise nicht verändern können.

- dass keinerlei Austausch, ob lebenswichtig oder nicht, im Rahmen der Gärten des Widerstands in Erwägung gezogen wird, der mutmaßlich zum Verfall der biologischen und sozialen Gleichgewichte beiträgt.

Bereits jetzt existieren in zersplitterter Form Gärten des Widerstands auf dem Planeten. Die *Zersplitterung* des Systems ist eine Antwort auf die Logik der Selbstversorgung, die a priori keine *Vernetzung* rechtfertigt.

Im Rahmen einer Politik aber, die die Prinzipien der entstehenden Ökonomie der Gärten des Widerstands und in einem weiteren Sinne den Begriff des planetaren Gartens anerkennt, wird es notwendig sein, das System in einem Bündnis zusammenzuschließen. Dabei darf es nicht durch ein legislatives Joch von seinen Zielen abgebracht werden, sondern soll mit Koordinationsmöglichkeit ausgestattet werden

- für die Etablierung eines gerechten Austausches.
- für die Entwicklung von Plattformen zur künstlerischen und wissenschaftlichen Zusammenarbeit auf hohem Niveau.

- für die Förderung des Austauschs von immateriellen Gütern, die aus der kulturellen Diversität des Planeten hervorgegangen sind.

Die *Zersplitterung* des Systems kommt dem Widerstand zugute, denn so ist er schwerer festzunageln.

Solange in den Köpfen noch die Vorstellung herrscht, dass nur das Modell des Kapitalismus maßgeblich ist, empfiehlt es sich, der Zerstörungsmaschinerie, die dieses Modell darstellt, eine immer größere und immer selbstbewusstere Menge an »Widerständen« auf dem Planeten entgegenzusetzen, vergleichbar einer Milchstraße, die von der Zeit mit Energie und Dichte aufgeladen wird.

Die gleichsam mechanische Ersetzung des einen Systems durch ein anderes wird sich dann als Implosion ereignen, ohne unabwendbares Desaster, durch eine unwiderstehliche und logische Gleitbewegung von der ungerechten zur ausgeglichenen Verteilung der Lasten, von der ungerechten zur ausgeglichenen Verteilung der Güter (zumindest statistisch), und von der Privatisierung des *Gemeingutes* zu seiner Befreiung.

Von diesem Zeitpunkt an wird es möglich sein, auf das zersplitterte System ein verbindendes und verbündendes Prinzip anzuwenden und eine Politik auszuarbeiten, die der Idee des *planetaren Gartens* entspricht.

Der planetare Garten führt die Gärten des Widerstands fort und vereint sie unter einem Begriff. Angenommen, dass der Widerstand überall auf dem Planeten seine Rolle gespielt hat, wird es dann möglich sein, die Entwicklung einer *humanistischen Ökologie* ins Auge zu fassen.

Die Argumente des planetaren Gartens basieren auf einer Vorstellung von Diversität, sie betonen die starke Abhängigkeit der Menschheit von der (biologischen und nichtbiologischen) Diversität und folglich auch die Fragilität der Spezies Mensch. Eine zentrale Frage lautet: »Wie können wir die Diversität nutzen, ohne sie zu zerstören?« Jede Veränderung der ökologischen Gleichgewichte durch die Spezies Mensch, die das Aussterben von nichtmenschlichen Spezies zur Folge hat, verurteilt die erstgenannte ihrerseits zum Aussterben. Eine szientistische Vision der Zukunft, die den vorsichtigen und sparsamen Umgang mit natürlichen Ressourcen durch die Leistungsfähigkeit von Technologien ersetzt, tut nichts anderes, als die Zerstörung des Gartens zu beschleunigen.

Der planetare Garten setzt Kenntnis des Lebenden voraus und kombiniert sie mit dem vernünftigen Gebrauch unterstützender Technologien. Er setzt eine allgemeine Zunahme an *Wissen* voraus, und diese Zunahme muss weit genug gehen, um durch das Verwaltungs- und Verhaltensprinzip »Garten« ein Energiegleichgewicht zu erreichen zwischen dem, was der Umgebung entnommen, und dem, was der Umgebung zurückgegeben wird. Daraus wird eine Form der Regierung entstehen, in deren Zentrum der *symbiotische Mensch* steht: der das Gleichgewicht erhält, während die Biosysteme auf dem Planeten ihre Fähigkeit erhalten, die Mechanismen der Evolution weiter zu tragen.

Die theoretische Entwicklung dieser sieben Punkte ermöglicht es, die Prioritäten einer neuen Regierungsform zu setzen und, daraus abgeleitet, die programmatische Aufgabe einer neuen Politik. Das wiederum bringt eine neue Regierung mit ihren Ministern und ihren Ämtern zum Vorschein. Wie im Traum erblickt man die Konturen einer neuen Verfassung, deren erste Artikel nicht von der Öffnung der Gesellschaften für den Wettbewerb sprechen, sondern von gemeinsamer Teilhabe und Zuwachs an Bildung.

NACHWORT

Dass eine Tätigkeit nicht ihre eigene Möglichkeitsbedingung zerstören sollte, ist für sich betrachtet keine besonders radikale Forderung. Dass diese Forderung dennoch auf einen Bruch mit unserer heutigen Form des Wirtschaftens und Handelns hinausläuft, sagt viel.

Demgegenüber ist die freie, selbstgestaltende, symbiotische Tätigkeit, die mild und »ohne unabwendbares Desaster« aus Raubbau und Verschwendung aussteigt und sie langsam verblassen, verschwinden lässt, Stück für Stück, Kopf für Kopf, Einsicht für Einsicht, der schönste Anspruch. Er erinnert an die höchsten Hoffnungen auf eine freie Gemeinschaft, wie sie auch frühere Jahrhunderte schon hegten. So heißt es etwa bei dem anarchischen Philosophen Gustav Landauer am Beginn des 20. Jahrhunderts: »Wir wollen nach Möglichkeit aus dem Kapitalismus austreten; wir wollen sozialistische Gehöfte, sozialistische Dörfer gründen; wir wollen Land- und Industriearbeit vereinigen; wir wollen, soweit es geht, und es wird immer besser gehen, wenn wir nur erst beginnen, alle unsere Bedürfnisse selbst herstellen und bald auf unserem neuen, dem sozialen

Markt tauschen und den kapitalistischen vermeiden.« Die Hoffnung, dass die Ausbeutung des Menschen und der Natur vermeidbar ist, besteht immer noch. Begeisterung und Freiheit sind unabdingbar für dieses Vorhaben, deshalb liegt stets der Schwerpunkt auf Bildung und Wissen. Zumindest das Wissen, um das, was ich brauche, und um das, was ich nicht brauche, brauche ich; im besten Falle das Wissen um die Zusammenhänge, in denen ich stehe, damit ich lernend immer besser im Stande bin, »so viel wie möglich mit und so wenig wie möglich dagegen« zu tun. Gilles Cléments Maxime des *Gartens in Bewegung*, »so viel wie möglich mit und so wenig wie möglich dagegen«, erstreckt sich auf alles, was sich bewegt. Und was bewegt sich nicht?

Versuche ich, einen widerständigen Garten in mir und um mich zu kultivieren, muss ich mich verlangsamen und auch für diese Kultivierung selbst Raumzeit schaffen, während draußen noch die Hektik wie Hagel gegen das Fenster peitscht. Gerade im Gedankenspiel des Teil- oder Vollausstiegs erweist sich, wie weitreichend und positiv beispielsweise die Wirkung eines bedingungslosen Grundeinkommens wäre. Es würde sich alles umkehren, mit einem Ruck, aber ohne Explosion: So wie Dante und Vergil am Ende ihrer Reise durch die Hölle, am tiefsten Punkt, die Mitte der

Erde durchqueren, sich plötzlich mit einem Rumms alles umdreht und die Wanderung Richtung Paradies weitergeht.

Vielleicht nochmal Landauer: »Die Menschen wissen heute nicht, erleben es nicht mit dem wahrhaften Wissen des Dabeiseins und Erfassens, mit dem Wissen, das Neid und Lust und Nachahmung mit sich führt, was das ist, freudiges, schönes Leben. Wir müssen es ihnen zeigen.« Das ist der anstrengende, aber friedfertige Teil. Nicht predigen, bekehren oder gar gebieten, sondern einfach nur zeigen. Es selber machen und es jetzt selber machen.

Dass Gilles Clément, der Philosoph des Gartens, den Begriff des Widerstands, der *résistance*, benutzt, wenn er von solchen neuen Lebens- und Wirtschaftsräumen spricht, und nicht etwa den Begriff der Reform oder der Revolution, weist auf die Bedeutung des Einzelnen hin. (Und nicht zuletzt darauf, dass auch jenes »nur zeigen« eine robuste Seite hat.) Nicht das abstrakte System soll verändert und ausgewechselt werden, sondern der einzelne soll auf dem Planeten anders gärtnern. Damit ist nicht nur der (heute: erhebliche) Anspruch fairer formuliert, sondern auch das Ziel, von dem man träumen darf, ist noch schöner, ist eine Form des organischen Zusammenhangs. Singular und Plural, Garten und Gärten stehen in einem besonderen

Verhältnis zueinander: ein Garten macht mit anderen die Gärten, aber alle Gärten bilden zusammen einen Garten. Mit Widerstand und Widerständen ist es ähnlich. Gemeinsame Teilhabe und Zuwachs an Bildung, eine Tätigkeit, die nicht ihre eigene Möglichkeitsbedingung zerstört, das ist keine besonders radikale Forderung.

Dass nach kurzem Innehalten manche Forderung Cléments dennoch radikal oder zumindest umstürtzlerisch klingt, stellt unserem heutigen Wirtschaften ein bedenkliches Zeugnis aus. Unsere Gesellschaftsordnung favorisiert statische Monokultur, auf dem Acker und auf dem Markt, im Regal und im Journal, im Hirn und auch im Herz. Es ist bekannt, dass Monokulturen anfällig sind, fragil, sie erzeugen allseitige Abhängigkeiten und sichere Katastrophen, während von ihrer kurzfristigen Gewinnmaximierung nur wenige profitieren. Die einschneidenden, aber (wie immer im Gärtnerischen) realistischen Überlegungen zu monokultureller Abhängigkeit und vielfältiger Selbstversorgung sind unter veränderten Vorzeichen gerade in aller Munde, im Laufe eines Krieges, dessen Verursacher und Geographie uns in Abhängigkeit hält. Das ist natürlich nicht erst seit gestern so. *Das wissen Alle, doch vergißt es Jeder gerne jeden Tag*, siehe hier Punkt IV.

Wie begründe ich nun meinen widerständigen Garten, wie schiebe ich die unwiderstehliche Gleitbewegung? Indem ich keinerlei Austausch in Erwägung ziehe, der mutmaßlich zum Verfall der biologischen und sozialen Gleichgewichte beiträgt? Die Recherche der Tatsachen, die diese Erwägung im heutigen Alltag erst ermöglichen, ist vermutlich ein Vollzeitjob, so dicht ist das Netz der Waren gewoben: Wenn man sich dem Gedankenspiel überlässt, prallt man mit Wucht auf den grimmigen Befund vom unmöglich richtigen Leben im falschen. Deshalb ist das Aus-steigen und Wider-stehen von so großer Bedeutung in diesen Gedanken- und Bildfeldern, die Etablierung eines *ganz anderen* Raumes, der klein und zersplittert ist (*atomisé*), aber von Anfang an die Möglichkeitsbedingung für biologische und soziale Gleichgewichte schafft. Genau: eines Gartens in Bewegung. Die Bewegung und ihre Unvorhersehbarkeit lässt sich nicht (wie industrielle Monokultur es mit Macht versucht) leugnen. In seinem Kinderbuch *Un grand jardin* erklärt es Gilles Clément so: »Gärtnern heißt zu verstehen, was passiert, und auf das zu reagieren, was nicht vorhersehbar war.« Das verlangt Beweglichkeit und mehr als eine Kultur. Aber auch wenn alles (wie immer) im Fluss ist, kann man damit rechnen; nochmal Landauer: »Nur wer mit Unbekanntem rechnet, rechnet richtig.«

Besonders dringend erscheint mir für solcherlei Rechen- und Gartenkünste die »Förderung des Austauschs von immateriellen Gütern«. Die Zunahme des immateriellen, kulturellen Austausches, Konsums und »Warenverkehrs«, kann der unumgänglichen Schrumpfung des materiellen Konsum begegnen, die uns ins Haus steht. An diesem Punkt erweist sich, ob es Implosion oder Explosion sein wird. Dort ist das Ticken der Uhr im Wartezimmer des gesellschaftlichen Wandels besonders laut. Deshalb ist die kulturelle Diversität so wichtig (ebenso vital wie die biologische Diversität), und deshalb ist die Bildung der Einzelnen, die das immaterielle Wachstum zugleich versinnbildlicht und ausmacht, so entscheidend. (Nächstens mehr.)

GILLES CLÉMENT

wird 1943 in Argenton-sur-Creuse geboren, im Département Indre, in der Mitte des Hexagon. Im Frühling 1968 beginnt er mit Experimenten und Beobachtungen im freien Feld. Nachdem sich der ausgebildete Gartenbauingenieur und Landschaftsarchitekt 1977 in Crozant niederlässt, unweit seines Geburtsortes, entwickelt er in/mit seinem Garten das Konzept des *jardin en mouvement*, das er ab 1983 in seinen Gärten und Parkanlagen umsetzt. Sein zweites Kernkonzept, der *jardin planétaire*, zeigt unseren kleinen Planeten als großen Garten, der mit der Menschheit in Beziehung und Wechselwirkung steht. Die unablässige Bewegung des Ganzen begegnet dem planetaren Zusammenhang jedes Einzelnen.

Zu den zahlreichen von Gilles Clément angelegten Gärten zählen der Parc André-Citroën (ab 1986), die Jardins de l'Arche à la Défense (ab 1991) und die Jardin du musée du quai Branly (2005), alle drei in Paris, der Parc Matisse in Lille (1990), der Jardin d'orties in Melle (2007), in dem Brennnesseln den Ton angeben, der Green Belt rund um Tripolis (2014) oder die Gärten der Zisterzienserabtei Valloires (2003). In Saint-Nazaire bepflanzt er das Dach des deutschen U-Boot-Bunkers, der sich nicht sprengen lässt, mit den Jardins du Tiers-Paysage (2009). Anlässlich der Wahl von Nicolas Sarkozy zum Präsidenten 2007 beendet er die Zusammenarbeit mit dem französischen Staat.

Ab 1979 unterrichtet er an der 1976 gegründeten École nationale supérieure de paysage de Versailles, der französischen *grande école* für Landschaftsarchitektur; 2011/12 hat er den Lehrstuhl für *création artistique* am Collège de France inne. Zu den Kernthemen seines Denkens und Gärtnerns organisiert er zahlreiche Ausstellungen, etwa 1999/2000 in der Grande Halle de la Vilette in Paris zum *jardin planétaire.* Auch Gilles Cléments theoretisches und literarisches Werk ist umfangreich. Sein wichtiges Buch *Le jardin en mouvement* (1991) liegt inzwischen in der sechsten überarbeiteten Ausgabe vor; neben zahlreichen Studien, Essais und Manifesten erscheinen unter anderem mehrere Romane, poetische Werke und Künstlerbücher, sowie das Kinderbuch *Un grand jardin* (2016; deutsch bei Prestel).

NOTTULN

Nottuln, die westfälische Kleinstadt mit den gepflegtesten Hecken und dem traurigsten Gossip. Hinter den sauber verklinkerten Mauern der Einfamilienhäuser hören wir davon, wie eine missliche Begegnung zweier Nottulner in einem Gelsenkirchener Etablissement zum Mythos wird; wie Nottulns einzige Punkerin Waltraud vor dem Edeka-Center einen Unfall baut; wie deprimierend punktgenau Frau Obering ihren Schüler:innen die berufliche Zukunft vorhersagt; wie Kieferorthopädensohn Johannes Tedesco einem Warsteiner-Erben Saures gibt und der Gemeinderat Karl-Rudolf Hülsbeck sich von seinem lang gehegten Lebenstraum, einem Nottulner Skatepark, verabschieden muss.

Mit seinem ganz eigenen Witz und großem Gespür für die Tragik des Kleinstadtalltags schleust uns Jonas Rump in seinem ersten Erzählband durch die Parallelwelt seiner Heimatstadt, macht uns mit ihren exzentrischen, verstrahlten, verlorenen, immer aber liebenswerten Bewohner:innen bekannt und erspürt dabei die unwahrscheinliche Traurigkeit, die sie alle umgibt.

Foto © Felicitas Springorum

Jonas Rump, geboren 1990, ging in den St. Marien Kindergarten Nottuln, die St. Martinus Grundschule Nottuln, das Gymnasium Nottuln sowie die F2, E3 und B3 Fußballmannschaft von Grün-Weiß Nottuln. In Berlin lebt und arbeitet er als Redakteur und freier Autor. Er schreibt Prosa und Essays. Unter anderem Hits wie »Theorie des Schlurfens« oder »Psychedelika, Raumfahrt und die Überwindung der Überwindung des Status Quo«, erschienen im Metamorphosen Magazin.

Jonas Rump
Nottuln
100 Seiten Broschur
Umschlaggestaltung: Yerang Choi
Lektorat: Moritz Müller-Schwefe
Korrektorat: Christian Wöllecke
2. Auflage Januar 2022
ISBN 978-3-95566-136-6

»Ein sehr guter Erzähler. Ich verneige mich vor Jonas Rump – und Oberursel verneigt sich vor Nottuln.« (Leonhard Hieronymi)

»Kannst du nicht das mit dem Traurigen aus dem Untertitel nehmen?« (Claudia Rump)